高等院校艺术设计专业"十二五"规划教材

环境手绘表现

主　编　张伏虎
副主编　凡　鸿　杨孔兵　戴　玥　孔　舜
　　　　李　璇　陈之爱　金保华
参　编　张　娜　高伟伟　刘　严　余学伟
　　　　马晓娜　乔艺峰　卞青青　曾成茵
　　　　沈鸿才　吴兆奇　洪易娜　严谧莞

Huanjing Shouhui Biaoxian

华中科技大学出版社
http://www.hustp.com
中国·武汉

内 容 简 介

本书通过大量图例作品系统地讲解了环境手绘表现的常用表现技法和作画步骤。本书共分四章：手绘线条基础、手绘色彩基础、手绘黑白作品欣赏、手绘彩色作品欣赏。本书从手绘基本技法和作画步骤的分析开始，由浅入深，循序渐进地介绍环境手绘表现技法。各种技法所表现的手绘作品可以给读者提供学习参考和借鉴。

本书可以作为高等院校建筑、园林、环境艺术设计类及相关专业学生的教材，也可作为绘画爱好者、建筑师、规划师、室内设计师、环艺设计师的学习参考书。本书内容的编写以图例作品为主，通俗易懂，是手绘爱好者不可多得的优秀教材。

图书在版编目（CIP）数据

环境手绘表现 / 张伏虎　主编. — 武汉：华中科技大学出版社，2014

ISBN 978-7-5609-9968-5

Ⅰ.①环… Ⅱ.①张… Ⅲ.①环境设计－绘画技法　Ⅳ.①TU-856

中国版本图书馆 CIP 数据核字(2014)第 055672 号

环境手绘表现　　　　　　　　　　　　　　　　　　　　张伏虎　主编

策划编辑：曾　光　彭中军

责任编辑：彭中军

封面设计：龙文装帧

责任校对：刘　竣

责任监印：张正林

出版发行：华中科技大学出版社　（中国·武汉）

　　　　　武昌喻家山　　邮编：430074　　电话：(027) 81321915

录　　排：龙文装帧

印　　刷：湖北新华印务有限公司

开　　本：880 mm × 1230 mm　1/16

印　　张：5.5

字　　数：182 千字

版　　次：2014 年 4 月第 1 版第 1 次印刷

定　　价：39.00 元

　　手绘是一项技能，体现独立的艺术价值，可以独立存在。一幅好的手绘作品本身就具有观赏性，能让受众赏心悦目。手绘还是设计者独特的"语言"表达方式，好的手绘作品可以完整地表达设计师的创意和理念。手绘是一种值得认真研究，甚至是慢慢玩味的审美形式。

　　人类生活在大自然中，每时每刻都和自然界发生关系。而手绘是能让这种联系非常快捷地呈现于纸上的艺术表现形式。无论是画家还是设计师，要保持其创作或设计作品的生动性，都离不开长期、不间断的手绘表现训练。就像写日记一样，它可以记录生活中的创作素材，为今后的创作做好储备。

　　本书从手绘的基本技法和作画步骤的分析开始，由浅入深，循序渐进地进行介绍，适合作为高等院校环境艺术设计专业和建筑专业的培训教材，也适合作为高等院校相关专业本科生、研究生教学的教材。

　　由于时间仓促，加之缺乏编写经验，书中的缺点在所难免，希望广大读者在使用过程中多提宝贵意见，以便在修订时完善。

编者

2014 年 3 月

目录

HUANJING SHOUHUI BIAOXIAN

第一章

手绘线条基础

SHOUHUI XIANTIAO JICHU

第一节
手绘线条表现的基本要点

1. 做好线条练习的前提是正确的握笔方式

常见的正确握笔方式如图 1-1 和图 1-2 所示。图 1-1 的握笔方式比较容易掌握，图 1-2 的握笔方式适合在画幅较大的画纸上作画，但缺乏基本功的人不容易把握好。当然，不论是哪一种握笔方式，其最终的目的是控制好画笔，流畅地在画纸上绘画。这种境界需要读者慢慢领会。

手与纸面的接触不能太紧，要让手能自由地在纸面上滑动，同时又有支撑。

图 1-1 握笔方式一

以小指为移动支撑点，依靠臂膀带动手在画纸上自由滑动。

图 1-2 握笔方式二

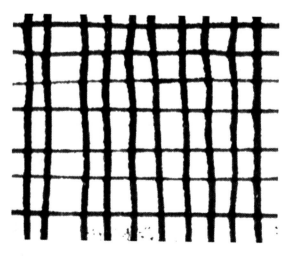

图 1-3 平行线条表现

2. 线条的练习方法

最常用的建筑线稿表现工具是铅笔或钢笔，有少数人直接用毛笔来进行表现。不论什么工具，最基础的是先做好线条的练习。常见的线条表现形式如图 1-3 至图 1-5 所示。如图 1-3 所示的平行线条表现应多从左到右、从右到左、从上到下或从下到上进行练习；如图 1-4 所示的交叉线条表现，可以适当或故意留空，这样反而更生动；如图 1-5 所示有很多曲线，在表现时应尽量做到一笔到位。曲线的表达要注意连贯性。以上几种线条表现方式在手绘中很普遍，只有通过反复练习，才能更好地掌握。

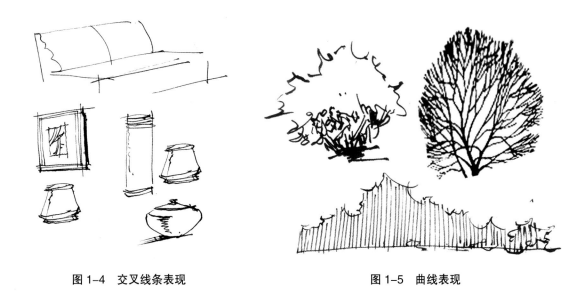

图 1-4　交叉线条表现　　　　　　　　　　　图 1-5　曲线表现

第二节
手绘线稿表现的方法和步骤

　　步骤一：铅笔起稿，画好大的透视关系和物体轮廓，如图 1-6 所示。
　　步骤二：绘制画面的整体关系。在勾画大轮廓的基础上，用钢笔徒手勾勒出所要表现的主体及空间中的其他景物，如图 1-7 所示。

图 1-6　线稿步骤图一　　　　　　　　　　图 1-7　线稿步骤图二

　　步骤三：深入刻画局部细节。每个局部的细节刻画要求一次完成，为此在落笔前就必须仔细观察表现对象前景、中景、远景的层次关系、先后关系及虚实关系，明确画面中的哪个部分先画，哪个部分后画，哪个部分要详细刻画，哪个部分要一笔带过，如图 1-8 所示。

步骤四：调整完善画面整体。局部深入刻画完成后，最好停下笔来，等墨线干后，用橡皮擦擦掉最初的铅笔稿痕迹，然后再对画面进行整体观察，对一些有缺陷的地方进行调整，让整个画面的局部与整体关系进一步协调一致，如图1-9所示。

图1-8　线稿步骤图三　　　　　　　　　　　　图1-9　线稿步骤图四

第二章

手绘色彩基础

SHOUHUI SECAI JICHU

第一节
基本工具和技法

　　环境手绘图上色工具多种多样，有马克笔、彩铅、水彩、色粉、水粉、丙烯等，但最方便快捷的还是最常用、最大众化的马克笔。它通常和彩铅配合使用，效果明快，具有很强的现代气息。本书主要以马克笔和彩铅的手绘技法为主进行介绍。

1. 马克笔和彩铅基本特性

　　在当代建筑手绘表现中，马克笔通常和彩铅搭配使用。在整个表现过程中，关键是掌握好马克笔的性能和技法，然后配合适当的彩铅来协调色彩关系。单独用彩铅表现深颜色相当困难，因此它只适合各种关系已经表现得非常完整的线稿，这时只需要涂以淡淡的色彩即可。

　　用马克笔上色，一方面，其颜色就像在纸上覆盖一层透明的色彩，跟水彩的效果类似，但几乎所有类型的马克笔的溶剂都具有很好的挥发性，所以马克笔并不像水彩一样让纸张发皱；另一方面，马克笔用笔明快爽朗，但它不具备覆盖能力，浅色马克笔的笔迹不能覆盖深颜色的笔迹，重复使用马克笔进行覆盖只能让画面显得很脏和发灰。

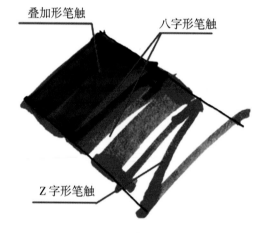

叠加形笔触
八字形笔触
Z字形笔触

图2-1　马克笔的笔触

2. 马克笔的基本技法

　　最常用的马克笔表现的笔触主要有叠加形笔触、Z字形笔触、八字形笔触，如图2-1所示。

第二节
室内手绘表现步骤

　　步骤一：画好线稿，用针管笔或钢笔勾出轮廓和整体透视图，如图2-2所示。

　　步骤二：从主体入手，铺大调。注意留有余地，该留白的地方多留白，暗面颜色不宜一下子铺太深、太死，如图2-3所示。

　　步骤三：深入刻画，从主体入手，逐渐深入，如图2-4所示。

　　步骤四：整体调整完成。根据画面适当调整整体关系，将素描关系和色彩关系调整得更和谐，这时常常将彩铅与马克笔搭配使用，如图2-5所示。

图 2-2　室内手绘表现步骤一

图 2-3　室内手绘表现步骤二

图 2-4　室内手绘表现步骤三

图 2-5　室内手绘表现步骤四

第三节
景观手绘表现步骤

步骤一：画好线稿，用针管笔或钢笔勾出轮廓和整体透视图，如图 2-6 所示。

步骤二：从主体入手，铺大调。注意留有余地，该留白的地方多留白，暗面颜色不宜一下子铺太深、太死，如图 2-7 所示。

步骤三：深入刻画，从主体入手，逐渐深入，如图 2-8 所示。

步骤四：整体调整完成。根据画面适当调整整体关系，将素描关系和色彩关系调整得更和谐，这时常常将彩铅与马克笔搭配使用，如图 2-9 所示。

图 2-6　景观手绘表现步骤一

图 2-7　景观手绘表现步骤二

图 2-8　景观手绘表现步骤三

图 2-9　景观手绘表现步骤四

第四节
建筑规划手绘表现步骤

　　步骤一：画好线稿，用针管笔或钢笔勾出轮廓，如图 2-10 所示。

　　步骤二：整体铺色。将画面中色块最大的部分——草地——铺上颜料。在这个步骤中，只是将草地大的色彩关系铺上，细节的刻画可以留到后面处理。在对技法掌握很熟练的情况下也可以一次性地将草地画好。另外，在铺草地的整体颜色时，一般从边缘线出发向旁边或中间展开，这样表现起来更容易区分好物与物之间的关系，为后面表现乔木和其他东西的投影提供便利，如图 2-11 所示。

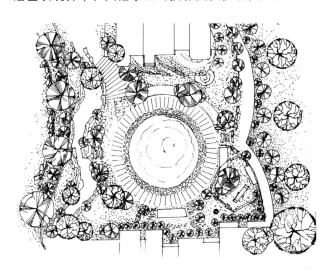

图 2-10　景观手绘表现步骤一

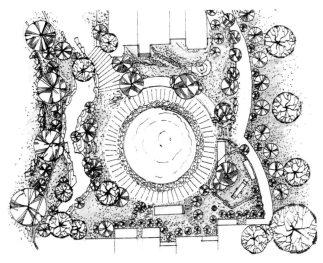

图 2-11　景观手绘表现步骤二

步骤三：从主体入手，逐渐深入刻画。将画面中路面石头、水及乔木等的颜色铺上并加以刻画，如图2-12所示。

步骤四：调整画面整体的明暗关系，特别是乔木的阴影表现，让画面整体黑白灰关系明晰，如图2-13所示。

步骤五：调整完成。通过细节调整，让画面色彩关系和黑白灰分布更合理，如图2-14所示。

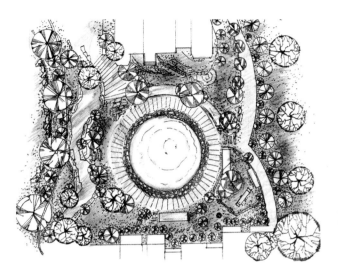

图 2-12　景观手绘表现步骤三

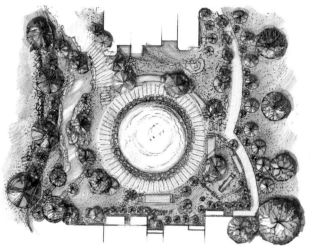

图 2-13　景观手绘表现步骤四

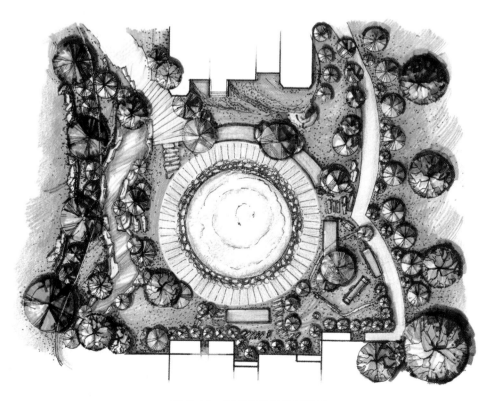

图 2-14　景观手绘表现步骤五

第三章

手绘黑白作品欣赏

SHOUHUI HEIBAI ZUOPIN XINSHANG

手绘黑白作品如图 3-1 至图 3-45 所示。

图 3-1　铅笔画一

图 3-2　铅笔画二

图 3-3 钢笔画一

图 3-4　钢笔画二

图 3-5　钢笔画三

图 3-6　钢笔画四

图 3-7　钢笔画五

图 3-8　钢笔画六

图 3-9　钢笔画七

图 3-10　钢笔画八

图 3-11　钢笔画九

图 3-12 钢笔画十

图 3-13 钢笔画十一

图 3-14 钢笔画十二

图 3-15 钢笔画十三

图 3-16　钢笔画十四

图 3-17　钢笔画十五

图 3-18　钢笔画十六

图 3-19　钢笔画十七

图 3-20　钢笔画十八

图 3-21　钢笔画十九

图 3-22　钢笔画二十

图 3-23　钢笔画二十一

图 3-24　钢笔画二十二

图 3-25　钢笔画二十三

图 3-26　钢笔画二十四

图 3-27　钢笔画二十五

图 3-28　钢笔画二十六　　　　　　　　　　图 3-29　钢笔画二十七

图 3-30　钢笔画二十八

图 3-31　钢笔画二十九

图 3-32 钢笔画三十

图 3-33 钢笔画三十一

图 3-34　钢笔画三十二

图 3-35　钢笔画三十三

图 3-36　钢笔画三十四

图 3-37　钢笔画三十五

图 3-38　钢笔画三十六

图 3-39　钢笔画三十七

图 3-40　钢笔画三十八

图 3-41　钢笔画三十九

图 3-42　钢笔画四十

图 3-43　钢笔画四十一

图 3-44　钢笔画四十二

图 3-45　钢笔画四十三

第四章

手绘彩色作品欣赏

SHOUHUI CAISE ZUOPIN XINSHANG

手绘彩色作品如图 4-1 至图 4-67 所示。

图 4-1 马克笔和彩铅作品一

图 4-2 马克笔和彩铅作品二

图 4-3　马克笔和彩铅作品三

图 4-4　马克笔和彩铅作品四

图 4-5 马克笔和彩铅作品五

图 4-6 马克笔和彩铅作品六

图 4-7　马克笔和彩铅作品七

图 4-8　马克笔和彩铅作品八

图 4-9 马克笔和彩铅作品九

图 4-10 马克笔和彩铅作品十

图 4-11　马克笔和彩铅作品十一

图 4-12　马克笔和彩铅作品十二

图 4-13 马克笔和彩铅作品十三

图 4-14　马克笔和彩铅作品十四

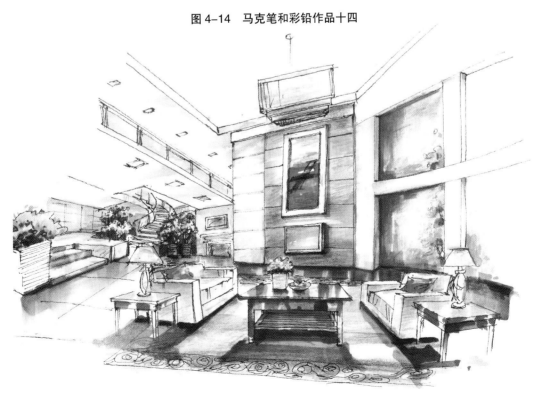

图 4-15　马克笔和彩铅作品十五

图 4-16 马克笔和彩铅作品十六

图 4-17 马克笔和彩铅作品十七

图 4-18　马克笔和彩铅作品十八

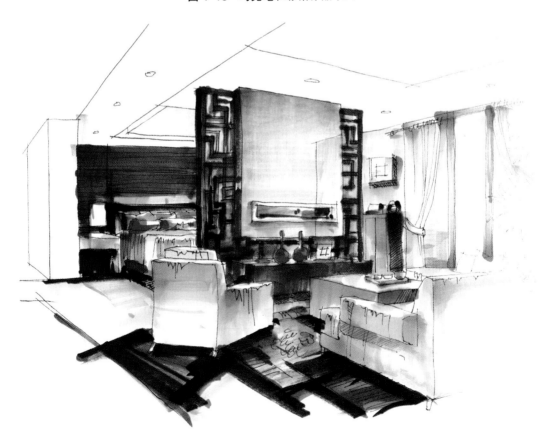

图 4-19　马克笔和彩铅作品十九

图 4-20　马克笔和彩铅作品二十

图 4-21　马克笔和彩铅作品二十一

图 4-22　马克笔和彩铅作品二十二

图 4-23　马克笔和彩铅作品二十三

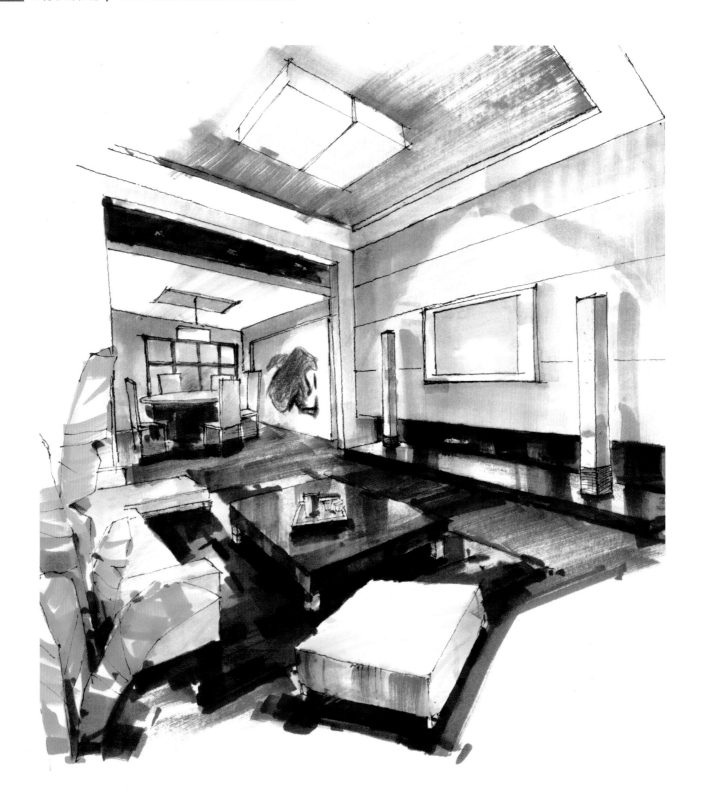

图 4-24　马克笔和彩铅作品二十四

图 4-25　马克笔和彩铅作品二十五

图 4-26　马克笔和彩铅作品二十六

图 4-27　马克笔和彩铅作品二十七

图 4-28　马克笔和彩铅作品二十八

图 4-29 马克笔和彩铅作品二十九

图 4-30 马克笔和彩铅作品三十

图 4-31 马克笔和彩铅作品三十一

图 4-32　马克笔和彩铅作品三十二

图 4-33　马克笔和彩铅作品三十三

图 4-34　马克笔和彩铅作品三十四

图 4-35　马克笔和彩铅作品三十五

图 4-36　马克笔和彩铅作品三十六

图 4-37　马克笔和彩铅作品三十七

图 4-38　马克笔和彩铅作品三十八

图 4-39　马克笔和彩铅作品三十九

图 4-40　马克笔和彩铅作品四十

图 4-41　马克笔和彩铅作品四十一

图 4-48　马克笔和彩铅作品四十八

图 4-49　马克笔和彩铅作品四十九

图 4-50　马克笔和彩铅作品五十

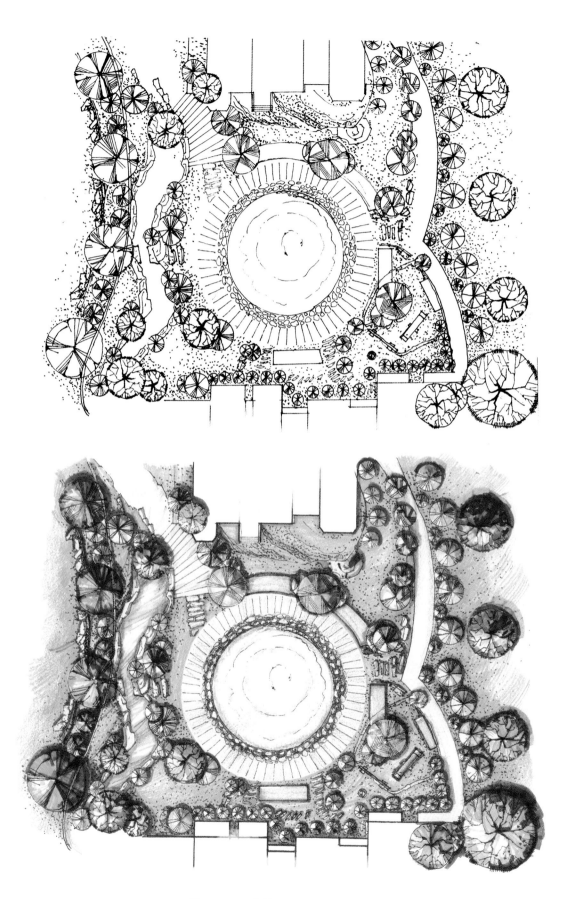

图 4-51　马克笔和彩铅作品五十一

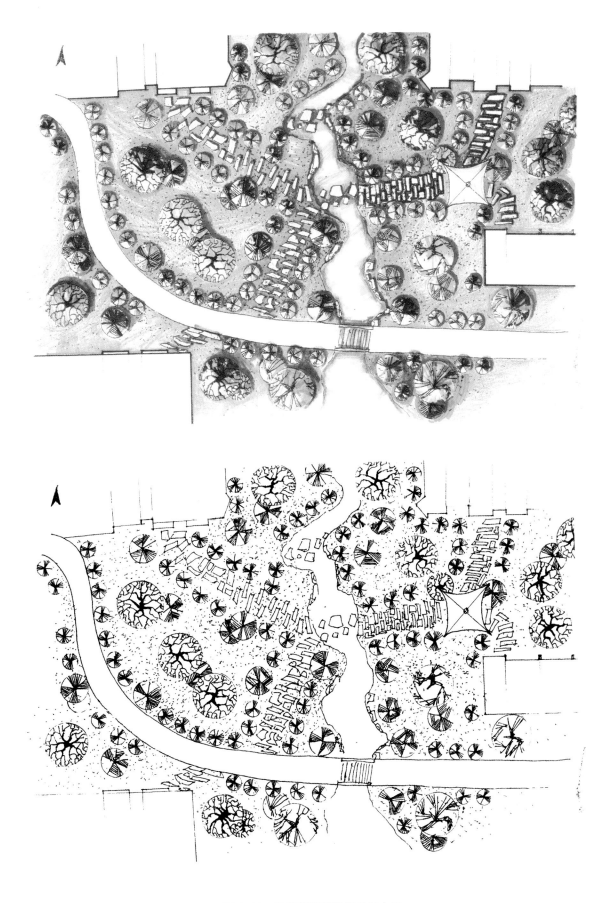

图 4-52 马克笔和彩铅作品五十二

图 4-53 马克笔作品一

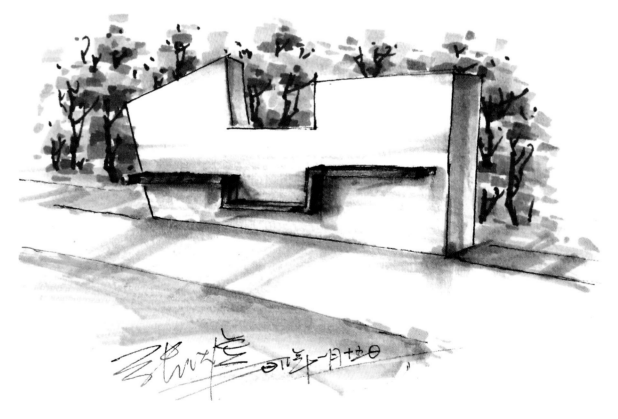

图 4-54 马克笔作品二

图 4-55　马克笔作品三

图 4-56　马克笔作品四

图 4-57　马克笔作品五

图 4-58　马克笔作品六

图 4-59　彩铅作品一

图 4-60　彩铅作品二

图 4-61　彩铅作品三

图 4-62　马克笔和淡彩作品一

图 4-63　马克笔和淡彩作品二

图 4-64　用水彩、马克笔和彩铅对树的表现图

图 4-65　马克笔、彩铅和计算机合成作品

图 4-66　马克笔、彩铅和色粉作品

图 4-67　水粉作品

[1] 郑曙旸.环境艺术设计[M].北京：中国建筑工业出版社，2007.

[2] 吕永中，俞培晃.室内设计原理与实践[M].北京：高等教育出版社，2008.

[3] 常怀生.环境心理学与室内设计[M].北京：中国建筑工业出版社，2000.

[4] 吴剑锋，林海.室内与环境设计实训 [M].上海：东方出版中心，2008.

[5] 辛艺峰.室内环境设计理论与入门方法 [M].北京：机械工业出版社，2011.

参考
文献

HUANJING SHOUHUI BIAOXIAN